Gerenciamento de informações eletrônicas

Nosso objetivo é publicar obras com qualidade editorial e gráfica.
Para expressar suas sugestões, dúvidas, críticas e eventuais reclamações entre em contato conosco.

CENTRAL DE ATENDIMENTO AO CONSUMIDOR
Rua Pedroso Alvarenga, 1046 • 9º andar • 04531-004 • São Paulo • SP
Fone: (11) 3706-1466 • Fax: (11) 3706-1462
www.editoranobel.com.br
E-mail: atendimento@editoranobel.com.br

Fernando Andrade

Aprenda rápido
Gerenciamento de informações eletrônicas

Metodologia para inserir nomes de arquivos
e estruturar pastas, gerenciamento de contatos,
e-mails e idéias, programas de busca no computador,
bibliotecas de CDs e bibliotecas virtuais,
informações na era da mobilidade
e equipamentos que facilitam o gerenciamento.

Nobel

Publicado em 2007

Dados Internacionais de Catalogação na Publicação (CIP)
(Câmara Brasileira do Livro, SP, Brasil)

Andrade, Fernando
Gerenciamento de informações eletrônicas : aprenda rápido / Fernando Andrade. — São Paulo : Nobel, 2006.

ISBN 85-2131-319-5

1. Documentos – Gerenciamento eletrônico 2. Informações eletrônicas – Recursos – Gerenciamento 3. Informática 4. Internet (Rede de computadores) I. Título.

06-2776 / CDD- 004

Índices para catálogo sistemático:
1. Gerenciamento de informações eletrônicas : Informática 004
2. Informações eletrônicas : Gerenciamento : Informática 004

Sumário

Dedico este livro à minha esposa Cecília, pelo amor, apoio e dedicação incondicionais que tornaram possível este trabalho.

Informática e comportamento

Organização. Planejamento. Administração. Produtividade. Associar o trabalho no computador a essas palavras é o desejo de muitos, mas poucos conseguem. Por quê?

A resposta está no comportamento. De que adianta ter várias informações se não conseguimos localizá-las? De que adianta localizá-las se perdemos muito tempo para isso? E o que fazer com o excesso de informações? Às vezes, ter muita informação é a mesma coisa que ter nenhuma!

Este livro surgiu a partir do sucesso do seminário "Gerenciamento de informações eletrônicas", que aborda exatamente esses problemas. Você conhecerá aqui alguns dos principais tópicos discutidos no evento.

Administrar informações, e-mails, arquivos, contatos e anotações relaciona-se muito pouco com tecnologia. Importante mesmo é o seu comportamento. Melhor ainda, gerenciar informações eletrônicas facilita até o gerenciamento de informações físicas: papéis, gavetas e até roupas e pertences pessoais. E seu comportamento só depende de você, concorda?

Fernando Andrade
fandrade@faconsultoria.com

Capítulo 1

Socorro! Não agüento mais tanta informação

Parece que não tem mais fim: planilhas, textos, apresentações, bancos de dados, anotações, e-mails, e-mails e e-mails. Quantas vezes você já abriu e fechou arquivos até finalmente encontrar o certo? Se com arquivos esse problema é sério, imagine então com e-mails!

Às vezes, parece que o computador veio para atrapalhar! Claro, esse é um exagero óbvio. Mas, certamente, é preciso organizar todas as informações eletrônicas que estão lá guardadas. Senão, o computador realmente... atrapalha!

Um bom ponto de partida é criar um **método para nomear arquivos**. Lembre-se: o nome tem de ser óbvio o suficiente para você reconhecê-lo facilmente depois de certo tempo (um ano, por exemplo). Nas próximas páginas, você conhecerá as melhores alternativas para isso.

Além de nomes bem atribuídos, é preciso criar também uma **estrutura eficiente de pastas e subpastas**. Aqui, também, o nome é muito importante. Mas é preciso levar em conta a divisão de pastas e subpastas. Você não pode ter muitas subpastas nem poucas: é preciso tê-las em número suficiente! Difícil? Nem tanto, basta querer. Vamos ver mais à frente.

Quando pensamos em gerenciamento de informações no computador, facilmente nos lembramos dos arquivos e dos e-mails. Mas há muito mais! Onde você guarda uma boa idéia? Onde você anota uma tarefa que precisa executar no mês seguinte? E as suas metas para o próximo mês? E para o próximo ano? Felizmente, gerenciar tudo isso é a mesma coisa que gerenciar arquivos e e-mails. Veremos a metodologia adequada já a partir das próximas páginas.

Essencial também é sua atitude. Ter informações eletrônicas organizadas, e por isso mesmo facilmente localizáveis, é uma questão de atitude. Você precisa querer. Você precisa definir métodos para isso. Mais ainda, você precisa seguir esses métodos. Sempre!

Como você pode concluir, gerenciar informações é questão de atitude. É uma proposta de vida. Requer vontade, organização, metas e criatividade.

Vontade

Você não agüenta mais perder tempo procurando arquivos em seu computador? Você sente que gasta muito tempo fazendo isso? Seu trabalho seria muito mais eficiente se você **sempre** encontrasse rapidamente qualquer arquivo?

Organização

Então, é hora de organizar. Analise as informações existentes em seu computador. Todas! Reúna tudo em alguns grupos principais. A figura ao lado mostra os grupos principais que o autor usa para seus arquivos. Crie uma estrutura para você também.

> Neste primeiro momento, será muito difícil definir uma estrutura perfeita logo de imediato. Você terá de mudá-la várias vezes até chegar ao ponto ideal. Não se preocupe: a organização de informações é um processo gradual, de aperfeiçoamento contínuo. Comece já!

Metas

Não se iluda: a organização vai demorar. Mas tudo é questão de metas. Alguns exemplos que podem servir para você:

- **Analise de dez a vinte arquivos por dia.** Jogue fora alguns. Coloque outros na pasta certa.
- Tenha coragem: **jogue arquivos fora.** Sabe aquele arquivo guardado há muito? Talvez você nunca mais o utilize. Jogue-o fora.
- **A cada novo arquivo** gravado (ou e-mail), **jogue pelo menos um fora.** Você vai se surpreender como isso é totalmente possível. E muito útil!
- No começo do dia (ou no final do dia – cada pessoa tem seu horário ideal), gaste alguns minutos (talvez dez minutos) para **analisar o que está sobrando ou o que está no lugar errado.** Tome uma atitude em relação a eles!
- Sempre é momento de organizar. Ao escrever este texto, o autor descobriu vários arquivos sobrando. Agora estão no lugar certo ou foram excluídos!

Criatividade

Acima de tudo, a organização eficiente de informações eletrônicas requer criatividade. Você precisa dela para atribuir nomes a arquivos e pastas, definir uma boa estrutura de pastas e subpastas e eliminar informações redundantes. Sem criatividade, o processo de organizar fica muito incompleto.

Exerça sua criatividade o tempo inteiro:

- Crie novos nomes para tudo. Divirta-se com eles.
- Experimente novos caminhos para ir aos lugares que você vai sempre.
- Tenha um *hobby*. De preferência, um que não tenha qualquer relação com seu trabalho.
- Leia de tudo!
- Brinque com as pessoas.
- Não se censure. Sinta-se livre para pensar!

Você vai se surpreender. Agindo assim, você enxergará cada vez mais soluções para a organização geral de suas informações. Experimente!

O vínculo com as informações impressas

As informações no computador serão ainda mais úteis se forem vinculadas às informações em papel. E papel é o que não falta, certo?

- Recibos de pagamentos;
- Contrato de aluguel;
- Seguro do carro;
- Documentos variados;
- Contas de água, luz e telefone;
- Contrato de prestação de serviços;
- E mais, muito mais...

Ao longo deste livro, você conhecerá uma proposta para a organização definitiva de arquivos e e-mails. Seria muito bom organizar seus papéis da mesma forma que você organiza suas informações eletrônicas.

A figura ao lado – que você já conhece – mostra a estrutura de pastas principais que o autor deste texto utiliza para seus arquivos eletrônicos. Você aprenderá aqui a criar sua própria estrutura. Que tal ter pastas de papel também com essa mesma divisão? O ganho de produtividade será enorme.

> Aguarde mais um pouco para decidir se a estrutura para a organização de arquivos funciona também para a organização de papéis. Quando acreditar que a proposta é perfeita para arquivos e e-mails, aí sim você a enxergará também como uma ótima solução para a organização de papéis.

Vamos começar?

Capítulo 2

A importância de um nome bem escolhido

Esse é o segredo essencial para um **gerenciamento de informações eficiente: um nome significativo**.

Vamos a um exemplo. A planilha ao lado mostra um orçamento simples com dados de três meses. Que nome dar a esse arquivo?

	A	B	C	D
1	Itens	Jan	Fev	Mar
2	Salário	2.000,00	2.500,00	2.500,00
3	Bônus	1.000,00	700,00	1.500,00
4	**Receitas**	**3.000,00**	**3.200,00**	**4.000,00**
5	Alimentação	500,00	600,00	800,00
6	Aluguel	800,00	800,00	1.100,00
7	Outros	1.200,00	1.300,00	1.400,00
8	**Despesas**	**2.500,00**	**2.700,00**	**3.300,00**
9	Saldo	500,00	500,00	700,00

Do mais geral para o mais particular

Uma outra regra essencial (a primeira foi *nome significativo*, lembra-se?) para nomes é: **do mais geral para o mais particular**. Esta regra aplicada à planilha acima gera este nome:

Fluxo Trimestral - 2005JanMar.xls

A parte mais geral desse nome é *fluxo*. É só depois de identificar que esta planilha mostra dados de um fluxo que você particulariza o tipo de fluxo. Não é um fluxo do ano inteiro, mas um *fluxo trimestral*. Mais ainda, você pode identificar o ano e até os meses que formam este trimestre: *2005JanMar* (*2005*, mais geral, aparece primeiro; *JanMar*, mais particulares, aparecem depois).

Uma grande vantagem dessa metodologia é que agora **todos** os arquivos com informações de fluxos ficarão juntos na pasta, facilitando sua procura!

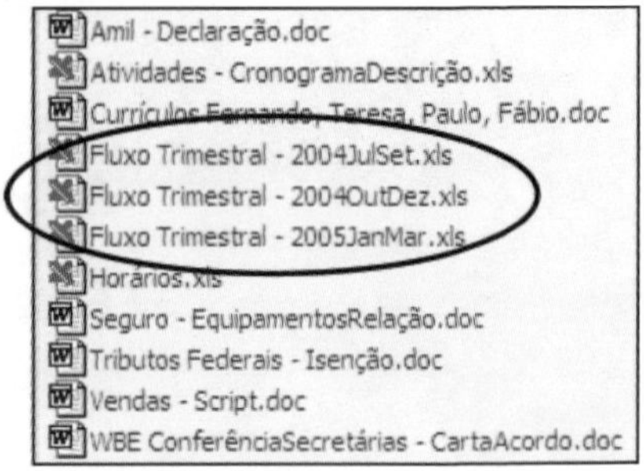

Veja na figura ao lado outros exemplos de nomes. Você precisa abrir o último arquivo, *WBE – ConferênciaSecretárias – CartaAcordo.doc*, para saber o que tem dentro?

WBE	Nome de uma empresa
ConferênciaSecretárias	Identificação de um evento
CartaAcordo	Conteúdo do arquivo

As regras para cada palavra de um nome

Veja novamente o nome de nosso arquivo de exemplo:

Fluxo Trimestral - 2005JanMar.xls

Esse nome segue algumas regras que você já viu – e outras que você verá agora. É necessário frisar que não há necessariamente regras corretas. O importante é a **existência de regras**. Se você seguir uma padronização, será muito mais fácil nomear arquivos – e principalmente localizar esses arquivos depois!

Vamos às regras:

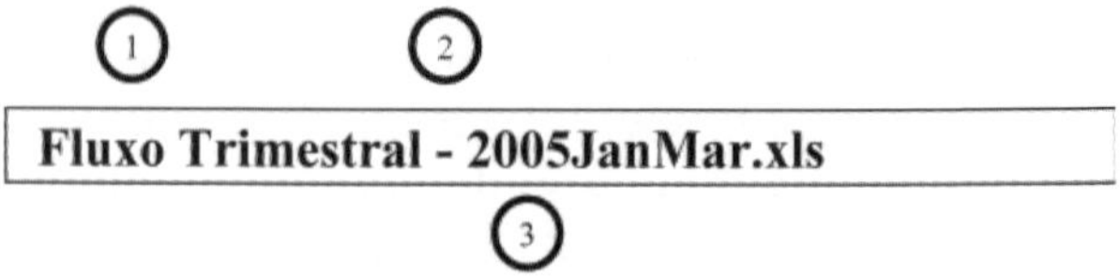

1. Nomes sempre com primeira letra maiúscula e as demais minúsculas.

2. Hífen separando as partes de um nome.

3. Palavras compostas sem espaço em branco, identificadas visualmente pela primeira letra maiúscula de cada uma delas (como em *2005JanMar*).

Estendendo um nome

Vamos complicar um pouco nosso exemplo. Imagine que você tenha dois arquivos bem semelhantes: um com o fluxo trimestral completo, tal como você viu ilustrado nas páginas anteriores, e outro em que aparece apenas o saldo.

E agora? O conteúdo de um arquivo **precisa** estar claro em seu nome. Para este exemplo, uma solução bastante prática é:

Fluxo Trimestral - 2005JanMar - **Completo**.xls

Fluxo Trimestral - 2005JanMar - **Saldo**.xls

Solução simples, concorda? Apenas uma palavra a mais no final do nome reflete muito bem o conteúdo do arquivo. Por isso, não tenha preguiça: mude o nome do primeiro arquivo já gravado, acrescentando a palavra *Completo*. Crie um outro arquivo com a palavra *Saldo* no final.

DICA

Quando criam um novo arquivo a partir de outro já existente, as pessoas normalmente abrem o velho, fazem as modificações e, **sem querer**, gravam em cima do velho. Resultado: perdem o arquivo velho. Solução:

- Abra o arquivo velho (que será usado como base para o novo);
- Grave-o com **outro nome** imediatamente;
- Só então faça as modificações necessárias.

O que é geral e o que é particular na hora de criar um nome?

Nas páginas anteriores, vimos que um bom nome de arquivo **vai do mais geral para o mais particular**. Foi o caso do exemplo *Fluxo Trimestral - 2005JanMar - Completo*. Mas nem sempre é fácil determinar o que é geral e o que é particular.

Imagine, por exemplo, que você queira preparar um fax com pedido de orçamento para a compra de móveis novos em uma empresa de móveis. Veja os nomes abaixo: qual o melhor?

a) FaxOrçamento - MóveisNovos - Tocco.doc
b) MóveisNovos - FaxOrçamento - Tocco.doc
c) Tocco - FaxOrçamento - MóveisNovos.doc

Se para você for importante agrupar todos os faxes de orçamento, certamente *FaxOrçamento* seria um bom *nome geral*. Mas agrupar faxes de orçamento não ajuda, não é produtivo. A alternativa "a" não é adequada. Nem tampouco a alternativa "c". Se a *Tocco* fosse uma empresa cliente, por exemplo, e você precisasse criar vários arquivos para ela (orçamentos, propostas, relatórios), talvez *Tocco* fosse um bom *nome geral*. Mas não é este o caso.

No exemplo acima, a idéia central é **Móveis Novos**. Este então deve ser o *nome geral*. No entanto, a alternativa "b" ainda não é a melhor. A expressão *FaxOrçamento* tem pouca valia, deve vir em último lugar. Claro, se você criar uma biblioteca de modelos de arquivos e e-mails (assunto que será tratado mais adiante), aí sim *FaxOrçamento* apareceria em primeiro lugar.

Se para a compra de móveis novos você enviar para a Tocco faxes, propostas, sugestões, planilhas com medidas – estes sim são *assuntos* que devem ser representados no nome:

- MóveisNovos - Tocco - FaxOrçamento.doc
- MóveisNovos - Tocco - Medidas.doc
- MóveisNovos - Tocco - PropostaFinal.doc

Observe que a segunda parte desses nomes indica o nome da empresa. Sim, porque no processo de compra de móveis novos você terá dados de várias empresas. E, dessa forma, todos os arquivos referentes a *Móveis Novos* da empresa *Tocco* estarão sempre juntos. A pesquisa fica MUITO MAIS FÁCIL!

> É importante frisar que todas as indicações apontadas aqui são apenas **indicações**. Se forem adequadas ao seu trabalho (e normalmente são!), utilize-as. Se não, use-as para criar uma metodologia que se aplique mais ao seu dia-a-dia. O importante é ter **sempre** uma metodologia para nomes de arquivos.

Nomes sem espaço em branco

Analise os dois nomes abaixo:

Móveis Novos - Tocco - Proposta Final.doc

MóveisNovos - Tocco - PropostaFinal.doc

O primeiro exemplo mostra espaços em branco entre as palavras (Móveis Novos) e o segundo mostra as palavras agrupadas (MóveisNovos) – sem espaço em branco entre as palavras principais.

Embora quase todos resistam à segunda alternativa, ela é de longe a mais eficaz. Na primeira alternativa, o nome do arquivo contém cinco palavras principais; na segunda, apenas três. E o melhor é que a recomendação feita anteriormente (letras iniciais maiúsculas para palavras compostas) facilita a leitura (como em *MóveisNovos*).

Antes de decidir se gosta ou não dessa alternativa, experimente! Certamente você vai gostar. E achar muito útil!

Nomes diferentes para um mesmo arquivo

Uma vez definida uma metodologia, é hora do trabalho cansativo. Você precisa padronizar todos os nomes de seus arquivos. O que é quase impossível – são vários e vários, certo? Sugestão:

1. Todo arquivo novo deve seguir a nova metodologia.
2. Fixe uma meta: que tal renomear dez arquivos por dia?

A grande vantagem de tudo isso é que você descobrirá vários arquivos iguais, mas com nomes diferentes. É a chance de reorganizar tudo. E essa reorganização ficará mais fácil quando falarmos sobre a estrutura perfeita de pastas de arquivos. Você verá um pouco mais sobre o assunto mais adiante.

Versões para um mesmo arquivo – dígitos de controle

Muitas vezes você precisa controlar várias versões de um arquivo. É importante ter um registro de tudo o que já foi feito. Por exemplo, o arquivo *MóveisNovos - Tocco - PropostaFinal.doc* contém a proposta final para a compra dos móveis novos. Mas quantos arquivos foram feitos até que esta proposta final fosse atingida? Se você precisa controlar a versão dos arquivos, uma boa solução é finalizar o nome com um código do tipo *01*, *02*, *03* etc. Assim:

MóveisNovos - Tocco - Proposta01.doc

Por que *01* e não apenas *1*? Se você prevê muitas modificações, o código com dois dígitos permite até 99 versões – o que deve ser mais do que suficiente. Se a previsão é de poucas versões, só um dígito pode ser aceitável.

Mas, **atenção**, aqui pode estar um grande problema: você prevê poucas versões, mas as modificações vão acontecendo, e o código de um dígito não se mostra suficiente. Neste caso, você argumenta, é só usar dois dígitos se for preciso. Não é bem assim. Veja:

MóveisNovos - Tocco - Proposta1.doc
MóveisNovos - Tocco - **Proposta10**.doc
MóveisNovos - Tocco - **Proposta11**.doc
MóveisNovos - Tocco - Proposta2.doc
MóveisNovos - Tocco - Proposta3.doc
MóveisNovos - Tocco - Proposta4.doc
MóveisNovos - Tocco - Proposta5.doc
MóveisNovos - Tocco - Proposta6.doc
MóveisNovos - Tocco - Proposta7.doc
MóveisNovos - Tocco - Proposta8.doc
MóveisNovos - Tocco - Proposta9.doc

Seu computador coloca os nomes em ordem **alfanumérica**, e, por isto, *Proposta 11* aparece antes de *Proposta 2*. Se os códigos de versão tivessem dois dígitos, isso não aconteceria:

MóveisNovos - Tocco - Proposta01.doc
MóveisNovos - Tocco - Proposta02.doc
MóveisNovos - Tocco - Proposta03.doc
MóveisNovos - Tocco - Proposta04.doc
MóveisNovos - Tocco - Proposta05.doc
MóveisNovos - Tocco - Proposta06.doc
MóveisNovos - Tocco - Proposta07.doc
MóveisNovos - Tocco - Proposta08.doc
MóveisNovos - Tocco - Proposta09.doc
MóveisNovos - Tocco - Proposta10.doc
MóveisNovos - Tocco - Proposta11.doc

Conclusão: mesmo que você ache que não precisa de dois dígitos no código de versão, opte por eles. É mais seguro e a melhor alternativa para um **gerenciamento eficiente de informações eletrônicas.**

Versões para um mesmo arquivo – palavra de controle

Muitas vezes, os dígitos de controle podem não ser a melhor solução. Por exemplo: se cada proposta de móveis novos implicar um tipo diferente de móvel, é melhor indicar o tipo no nome do arquivo. Assim:

MóveisNovos - Tocco - PropostaMadeira.doc
MóveisNovos - Tocco - PropostaAço.doc
MóveisNovos - Tocco - PropostaResinaPlástica.doc

Os nomes desses arquivos são suficientemente claros para identificar seus conteúdos. Dígitos de controle não seriam úteis neste caso. Só devemos usar os tais dígitos quando os arquivos tiverem alterações que não possam ser representadas nos nomes. Exemplo: propostas com valores diferentes por causa de negociações constantes.

Capítulo 3

A estrutura de pasta de arquivos

Pronto! Você já tem um método muito eficiente para nomear seus arquivos. Mas tão importante quanto um bom nome é uma boa estrutura de armazenamento. Onde guardar os arquivos? Como organizar produtivamente uma boa estrutura de armazenamento?

A organização em pastas

Quanto menos, melhor! Esta é uma regra de ouro. Embora valha para arquivos (quanto menos arquivos você tiver, melhor), é MAIS IMPORTANTE ainda no caso de pastas.

Muita gente acha que organizar arquivos significa ter uma pasta para cada assunto ou atividade. Ledo engano! Quanto mais pastas houver, em mais lugares você terá de procurar.

O ideal é definir algumas poucas pastas principais e armazenar tudo dentro delas. Você se surpreenderá: sempre é possível armazenar tudo dentro dessas pastas principais.

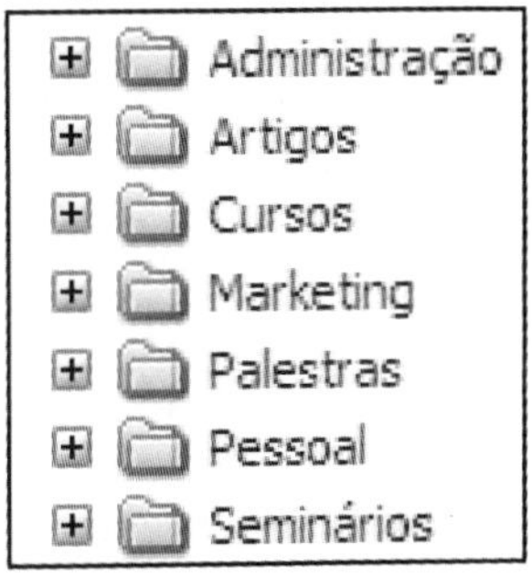

A figura ao lado mostra a estrutura que o autor deste texto usa para seu dia-a-dia. É uma estrutura simples, são apenas oito pastas principais – que armazenam TODOS os arquivos usados freqüentemente.

Embora pareça fácil definir uma estrutura assim, não é! O autor levou vários meses para chegar a esta estrutura ideal. Portanto, não se frustre se você precisar mudar sua estrutura algumas – ou várias – vezes!

A organização em subpastas

Máximo de três níveis! Esta é outra regra de ouro. Embora seja difícil generalizar regras para o gerenciamento de arquivos – cada pessoa tem necessidades diferentes –, três níveis de pastas têm se mostrado ideais para quase todo mundo.

DICA

Toda regra tem exceção. É muito bom você tentar manter apenas três níveis de pastas. Mas, se houver alguma exceção, é perfeitamente normal. Principalmente quando o assunto é gerenciamento de arquivos.

A figura ao lado mostra o segundo nível de pastas usado pelo autor. Veja que a lista fica mais extensa, mas, mesmo assim, extremamente organizada – principalmente porque as subpastas estão em apenas oito pastas principais!

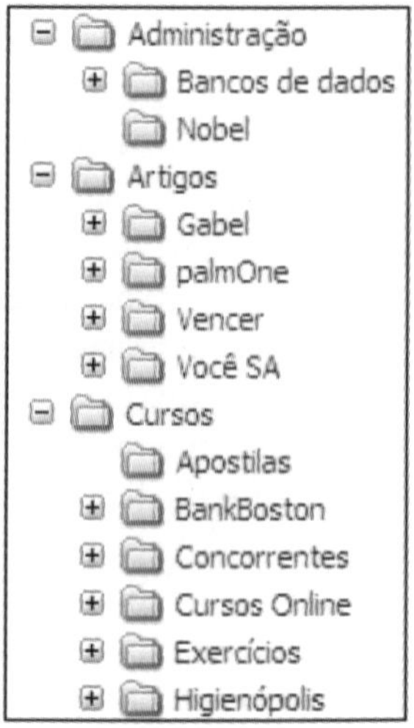

ATENÇÃO

Cuidado para não ceder à tentação! Não crie subpastas desnecessárias. Experimente guardar novos arquivos **sempre** nas subpastas já existentes. Em 100% das vezes isso é possível.

Normalmente, um bom sistema de gerenciamento de informações eletrônicas aceita um terceiro nível de pastas. Não mais do que isso! Claro, a complexidade aumenta com este terceiro nível – mas é inevitável na maioria das vezes.

Apenas para você comparar visualmente, veja lado a lado a estrutura do dia-a-dia do autor:

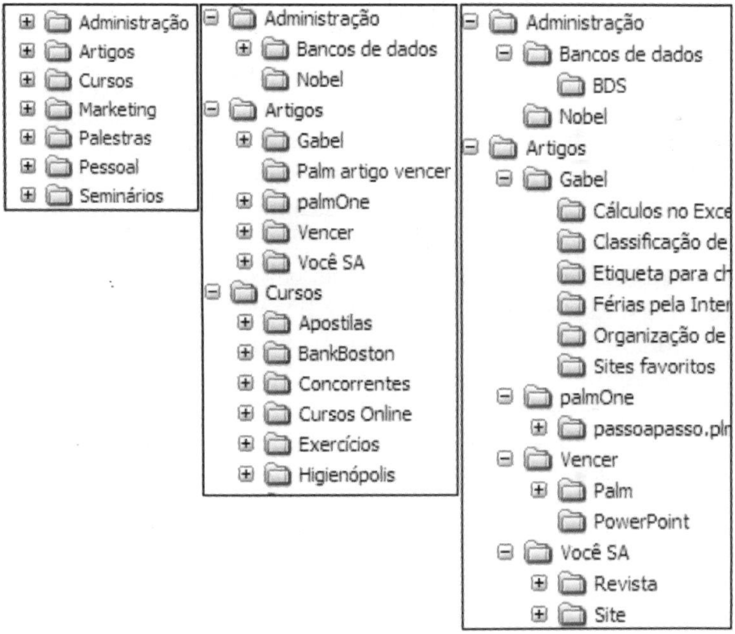

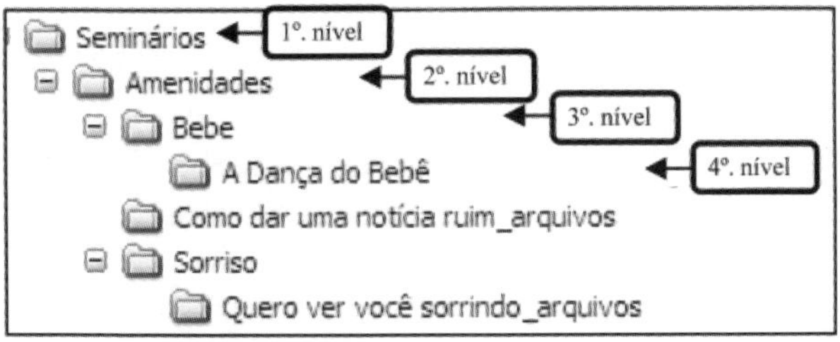

Como você viu, exceções existem! Embora a recomendação seja manter apenas três níveis, o próprio autor foi obrigado a ter um quarto nível em algumas situações. Exceções acontecem!

A complexidade aumenta à medida que os níveis são abertos. Mas a organização é sempre muito eficaz!

A mesma estrutura para tudo

Agora que você chegou a uma estrutura ideal para o gerenciamento de seus arquivos, utilize-a para tudo.

- Você tem muitos e-mails e precisa organizá-los? Crie pastas de e-mails tais como as pastas de arquivos.
- Você tem muitas anotações no Outlook ou no Notes e precisa organizá-las? Crie categorias com a mesma estrutura das pastas de arquivos. A figura a seguir mostra várias anotações separadas em categorias. Como você pode ver, a separação acontece no nome: toda anotação relativa a *Administração* começa com *Adm*; *Artigos* começam com *Art*; *Cursos* com *Cur*.

Pastas de e-mails

Pastas/categorias de anotações

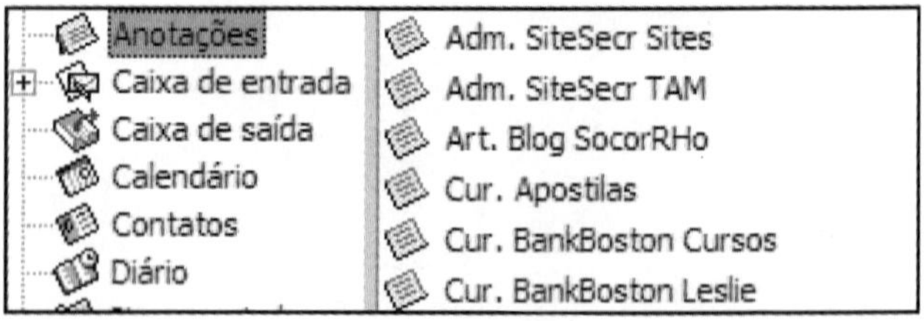

Pastas/categorias de anotações não serão abordadas neste livro.

Informações de acesso imediato, esporádico ou raro

É sempre bom ter arquivos, e-mails e qualquer informação ao alcance. Quando você precisar delas, basta acessar a pasta correta. Mas manter TODOS os arquivos e e-mails sempre disponíveis exige espaço – que nem sempre existe! Mais ainda, ter todas as informações o tempo inteiro pode tornar seu computador mais lento. Algo que você certamente não quer, certo?

Assim, você precisa decidir: alguns arquivos não precisam estar disponíveis de imediato. Eles podem ser guardados em CDs. Ou, talvez, em bibliotecas virtuais. Mais adiante falaremos sobre bibliotecas em CDs e bibliotecas virtuais. Por enquanto, precisamos apenas decidir: quais arquivos precisam de acesso imediato? E quais são os que precisaremos acessar de vez em quando? Mais ainda: quais arquivos devem ser guardados para um eventual acesso?

Há vários critérios que você pode usar. As duas sugestões a seguir aplicam-se a quase todo mundo. Analise-as e pense também em outros critérios que também podem ser igualmente úteis em seu caso.

A data da última modificação

Não imagine uma resposta complexa à pergunta acima. As **soluções mais eficientes** muitas vezes **são as mais simples**. Como decidir quais arquivos são mais usados? A melhor resposta: veja a data da última gravação!

1. Abra o Windows Explorer e escolha uma pasta principal (*Cursos*, na figura a seguir).

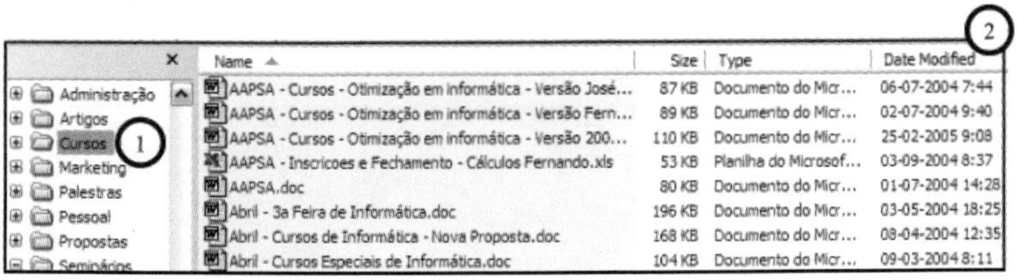

Normalmente, os arquivos são classificados em ordem alfabética de nomes. Vamos classificá-los por data de modificação (última gravação).

2 Clique no cabeçalho da coluna *Date Modified* (ou *Modificado,* em português).
O intervalo entre o primeiro arquivo da lista (*1999*) e o último (*2005*) é de *6 anos* nesta figura. Por que manter arquivos de 4, 5 ou 6 anos atrás em seu computador? Grave-os em uma biblioteca de CDS! Ou leve-os para um arquivo morto, se sua empresa tiver esse tipo de facilidade.

Name	Size	Type	Date Modified
Informatikids - Proposta Inicial Cláusia.doc	25 KB	Documento do Micr...	23-06-1999 6:39
Web Conference - Conteúdo Programático.doc	29 KB	Documento do Micr...	16-02-2000 10:10
VB + Sybase.doc	27 KB	Documento do Micr...	10-08-2000 7:40
Contrato 2001 Fundação e Banco.doc	190 KB	Documento do Micr...	11-06-2001 18:50
Loreal - Aula Assuntos.doc	20 KB	Documento do Micr...	27-02-2003 8:14
Loreal - Sugestão de Turmas.XLS	28 KB	Planilha do Microsof...	27-02-2003 11:01
Curso - Executivo - Informática.htm	24 KB	HTML Document	06-03-2003 10:44
Loreal - Testes - Resultados e Formação de Turmas.xls	33 KB	Planilha do Microsof...	11-03-2003 7:50
Abril - Testes - Resultados e Formação de Turmas.xls	17 KB	Planilha do Microsof...	17-03-2003 8:24

Dilma - Valores.xls	16 KB	Planilha do Microsof...	11-08-2004 18:48
AAPSA - Inscricoes e Fechamento - Cálculos Fernando.xls	53 KB	Planilha do Microsof...	03-09-2004 8:37
Estadão - Perguntas da Margaret - Nova permuta.doc	78 KB	Documento do Micr...	27-10-2004 9:27
Sony - Testes.xls	55 KB	Planilha do Microsof...	09-11-2004 9:45
AAPSA - Cursos - Otimização em informática - Versão 200...	110 KB	Documento do Micr...	25-02-2005 9:08
ABET - Preços - EstudoComparativo.xls	18 KB	Planilha do Microsof...	02-03-2005 17:10

O nome (assunto) de um arquivo

Um outro critério muito bom é o *assunto*. Normalmente, você cria vários arquivos por causa de um evento, projeto, cliente etc. Quando tudo for finalizado, talvez você precise guardar alguns desses arquivos para consultas futuras – ou para reativação do assunto.

A figura abaixo mostra alguns arquivos relacionados à L'Oréal. Eles referem-se a cursos realizados há alguns anos. O projeto terminou, mas é preciso manter os arquivos em uma biblioteca de CDs, para propostas de novos cursos quando o cliente os solicitar.

Garantia - Testes Funcionários - Resultados.xls	27 KB	Planilha do Microsof...	02-12-2003 14:21
Informatikids - Proposta Inicial Cláusia.doc	25 KB	Documento do Micr...	23-06-1999 6:39
Loreal - Aula Assuntos.doc	20 KB	Documento do Micr...	27-02-2003 8:14
Loreal - Sugestão de Turmas.xls	28 KB	Planilha do Microsof...	27-02-2003 11:01
Loreal - Testes - Resultados e Formação de Turmas.xls	33 KB	Planilha do Microsof...	11-03-2003 7:50
Loreal - Universidade Corporativa.xls	14 KB	Planilha do Microsof...	24-03-2003 13:20
Microsoft - Certificação - Adendo.doc	75 KB	Documento do Micr...	14-08-2003 16:37
Microsoft - Certificação - Guia.doc	327 KB	Documento do Micr...	14-08-2003 16:39
Motorola - Cursos.xls	15 KB	Planilha do Microsof...	23-09-2003 10:58

Escrever esse material foi muito útil para o autor organizar ainda melhor seu computador. A análise de arquivos por data de gravação ou por nome sempre aponta novos arquivos que podem ser transferidos para outras pastas/locais. Analise você também seus arquivos **constantemente**!

Os modelos

Sabe o que facilita e torna muito eficiente o gerenciamento eletrônico de informações? Um modelo! Ou uma pasta de modelos.

Quando precisa enviar uma proposta a alguém, você faz a proposta a partir de uma página em branco ou utiliza um arquivo que contém uma proposta semelhante? E onde está esse arquivo?

Este é o segredo: mantenha sempre uma **pasta de modelos.** Talvez essa seja a pasta que você deva tratar com mais carinho. Modelos prontos, com nomes adequados (que identificam perfeitamente bem seu conteúdo) e facilmente localizáveis (na pasta de modelos) são a solução para muitos problemas de gerenciamento de informações eletrônicas.

Modelo: arquivos

A figura a seguir mostra alguns exemplos de modelos de arquivos úteis para o autor. Tente criar seus próprios modelos. Seu ganho de produtividade será bastante sensível e suas informações eletrônicas ficarão muito mais organizadas.

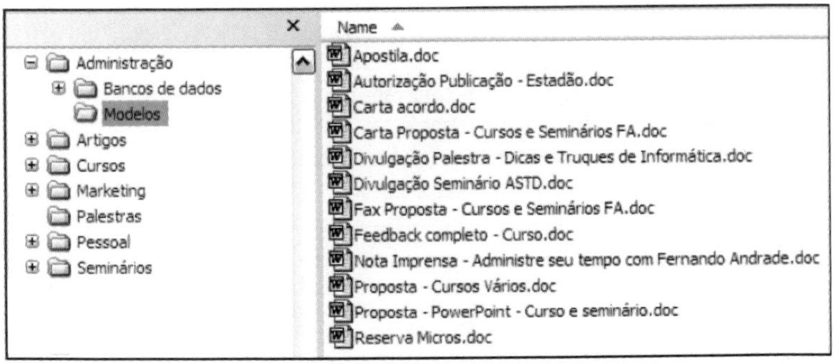

Discutimos, nas páginas anteriores, uma estrutura eficiente de pastas. Naquele momento, mostramos que o autor tem a seguinte estrutura: *Administração, Artigos, Cursos, Marketing, Palestras, Pessoal* e *Seminários*. Qual dessas pastas principais é a mais adequada para conter a subpasta *Modelos*? Claro, não há dúvida alguma: é a pasta *Administração*. Afinal, modelos estão relacionados à administração de todo o seu trabalho, certo?

Modelo: e-mails

Tal como uma pasta com modelos de arquivos, é muito importante manter, também, uma pasta com modelos de e-mails.

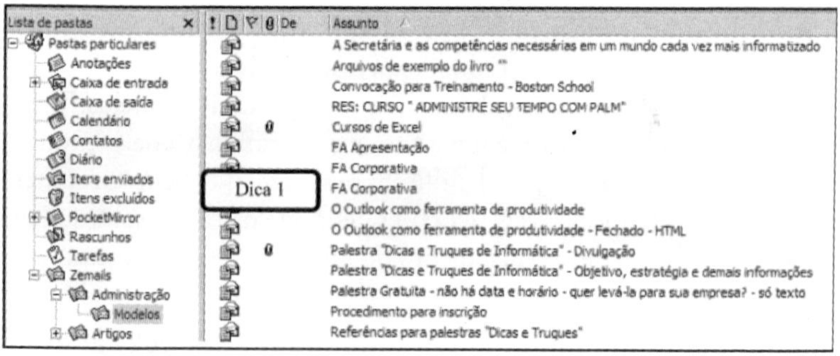

A subpasta *Modelos* está guardada na pasta principal *Administração* – tal como acontece com a pasta com modelos de arquivos.

DICAS

1. Observe que todos esses e-mails de modelos estão sem remetente (a coluna *De* está vazia), mesmo que eles tenham sido aproveitados de algum e-mail enviado. Claro, um modelo tem de ser prático. Quando ele foi criado, eliminamos qualquer referência ao remetente. Assim, não precisaremos apagar o remetente cada vez que o modelo for usado.
2. Para criar um modelo *limpo* (sem remetente, com texto trabalhado etc.), basta clicar em *Responder* no e-mail que você quer usar como base. Faça todas as modificações desejadas e grave o e-mail. Ele ficará gravado na pasta *Rascunhos*. Mova-o para a pasta *Modelos*.

Capítulo 4

O gerenciamento de contatos

Você deve ter uma série de contatos para administrar: pessoais e profissionais. Dentre os pessoais, existem amigos e familiares, por exemplo. Dentre os profissionais, podemos imaginar clientes, fornecedores e, talvez, colegas. Muita gente!

Você precisa guardar tudo em algum lugar. Onde?

Access

Contatos são dados. Um banco de dados, então, seria o lugar ideal para o armazenamento dessas informações. Um arquivo Access, por exemplo. Só que este é um programa que requer algum tempo de treinamento e talvez nem exista em seu computador.

Excel

Embora muitos só trabalhem com este programa apenas para realizar cálculos em planilhas, ele também pode ser usado para gerenciar dados. No entanto, preparar o Excel para trabalhar com dados também demanda certo tempo.

Word

Quase ninguém sabe, mas o Word também tem uma ótima ferramenta de gerenciamento de dados. Mas, novamente, voltamos às reflexões acima: demanda certo tempo preparar o Word para trabalhar com dados.

Outlook ou Lotus Notes

Estas sim são excelentes ferramentas para você lidar com seus contatos. E é quase certo que você tenha um desses dois programas instalados em seu computador.

Se o Outlook ou o Lotus Notes são os ideais para o gerenciamento de contatos, por que falar de Access, Excel ou Word? Simples! Se você já tiver algum método que utilize esses programas para gerenciar seus contatos, não é preciso mudar. Eles também são eficientes.

DICA

Confira, porém, as funcionalidades, mostradas nas próximas páginas, oferecidas pelo Outlook (ou Lotus Notes). Se você trabalha com outro programa que não oferece tais facilidades, avalie se está na hora de mudar.

O gerenciamento de contatos com o Outlook

Embora as próximas páginas mostrem algumas idéias usando o Outlook como exemplo, praticamente quase tudo o que você ler por aqui aplica-se a todos os outros programas semelhantes. Afinal, este livro não mostra **comandos e recursos** do Outlook, mas sim idéias e **métodos de trabalho** com ele.

Dividir ou não em pastas? Eis a questão!

Em páginas anteriores, sugerimos a criação de pastas e subpastas para armazenar arquivos, e-mails e anotações – tal como mostra a figura ao lado. E os contatos, devem ser divididos também?

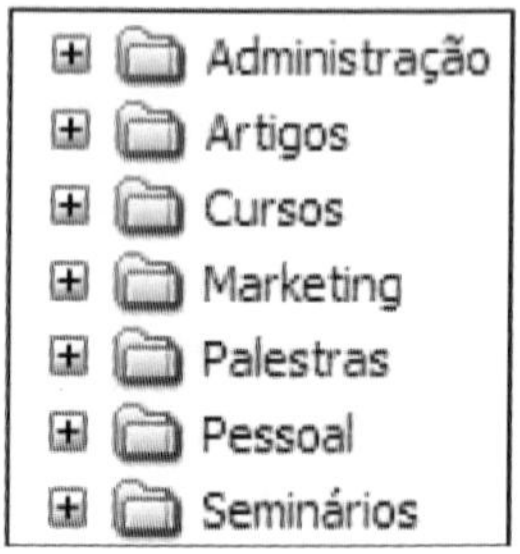

O Outlook (e outros programas equivalentes) permite a divisão dos contatos em pastas. Você poderia muito bem criar uma estrutura de pastas como a da figura ao lado. Mas pastas de contatos **não são recomendáveis**! Elas dificultam muito a localização de um contato específico.

Imagine que você queira procurar um primo que está desenvolvendo um trabalho de consultoria em sua empresa. Em que categoria ele está: *família* ou *consultoria*? Viu como a categoria complica? Então, descomplique! Deixe tudo em uma pasta só.

> Essa é uma recomendação muito valiosa. Muitas pessoas insistem em dividir os contatos em categorias – e elas perdem muito tempo (e produtividade) trabalhando assim. Não insista nessa divisão!

Que informações devo guardar para um contato?

TUDO! Nunca economize na hora de digitar informações para um contato. Um número de fax pode não ser importante agora, mas em algum momento será. E o CEP? Às vezes, dá uma certa preguiça preenchê-lo – não faça isso! Em algum momento, você precisará dele. Digite-o!

Veja a seguir um contato com todas as informações:

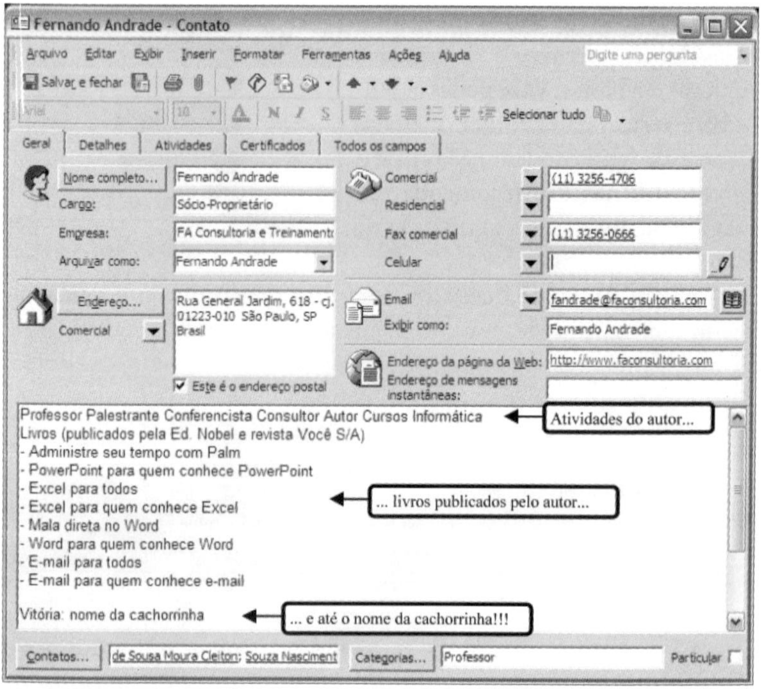

A figura acima mostra os dados do autor. Veja como a área de anotações é importante: mostra o que o autor faz, os livros publicados por ele e até o nome de sua cachorrinha. Esta é uma das áreas mais nobres de um contato, é aqui que você pode escrever tudo o que quiser.

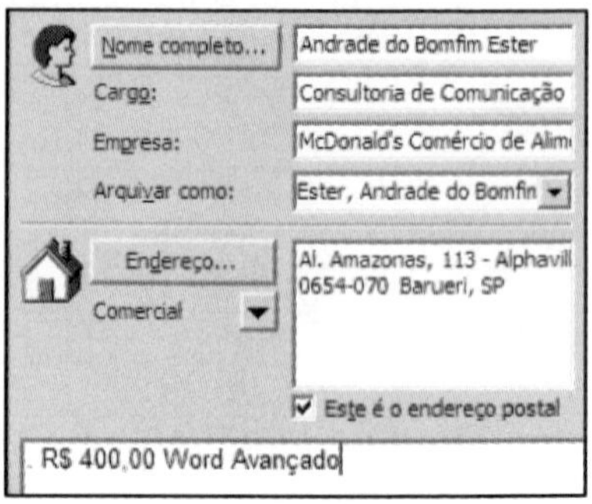

Utilizar tal área com criatividade e produtividade só depende de você. A figura ao lado mostra uma situação bem típica dessa utilização: o autor está negociando com a Ester um curso de Word Avançado. O último preço acertado foi R$ 400,00. Onde colocar essa informação? Claro, na ficha da Ester! Afinal, é com ela a negociação!

Voltando à ficha que mostra os dados do autor, verifique que, no caso do Outlook, há uma guia chamada *Detalhes*. Lá você pode – e deve – digitar várias outras informações igualmente importantes.

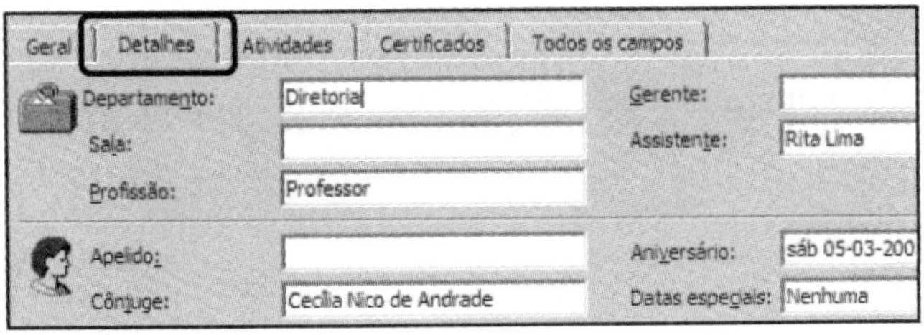

Quase todas as atividades de um contato

Uma grande facilidade que o Outlook oferece é o registro de atividades. Ele consegue listar praticamente tudo o que existe no computador relacionado a um contato. Basta clicar na guia *Atividades* deste contato, como você pode ver na figura a seguir:

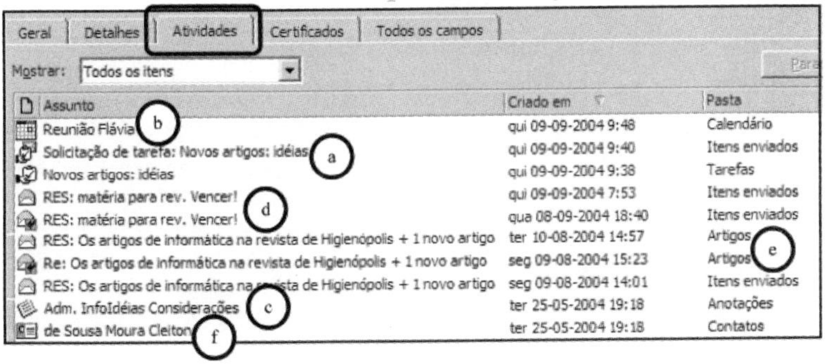

(a) Tarefas.

(b) Compromissos.

(c) Anotações.

d) E-mails recebidos, enviados e até excluídos.

e) E-mails arquivados em pastas próprias (por assunto).

f) Outros contatos.

Muito valioso para quem precisa gerenciar todas as informações de um contato, concorda?

Capítulo 5

O gerenciamento de e-mails

Você já viu neste livro um exemplo de estrutura de pastas e subpastas para seus e-mails. Você sabe: essa estrutura é a mesma usada para a organização de arquivos e até para a de anotações.

A disciplina de manter os e-mails certos nas pastas certas já resolve grande parte do problema de gerenciamento de informações eletrônicas. Mas ainda há mais cuidados que você precisa tomar.

Jogue fora o máximo de e-mails que você puder!

Não caia na tentação – fácil – de guardar e-mails. Não se iluda, você não precisará da maioria deles. Jogue fora o máximo que puder. Sem medo!

E-mails que se tornam descartáveis

Se há algo que aumenta muito o número de e-mails armazenados DESNECESSARIAMENTE, é a **resposta da resposta**. A figura a seguir mostra um fluxo de e-mails. Há uma primeira pergunta, depois a resposta, depois uma nova pergunta a partir desta resposta e, por fim, mais uma resposta.

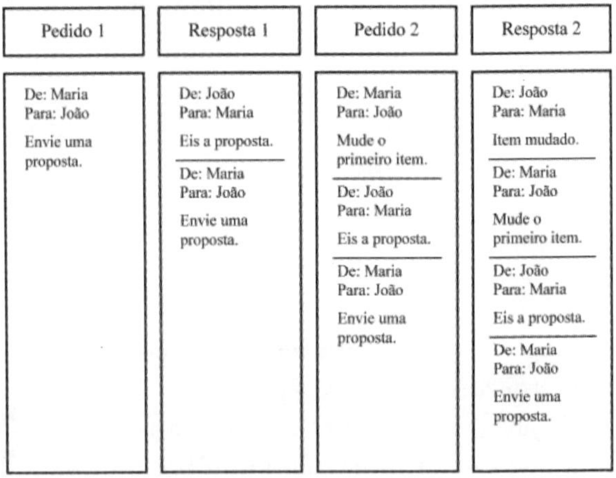
Pedido 1
Resposta 1
Pedido 2
Resposta 2
De: Maria
Para: João
Envie uma proposta.
De: João
Para: Maria
Eis a proposta.
De: Maria
Para: João
Envie uma proposta.
De: Maria
Para: João
Mude o primeiro item.
De: João
Para: Maria
Eis a proposta.
De: Maria
Para: João
Envie uma proposta.
De: João
Para: Maria
Item mudado.
De: Maria
Para: João
Mude o primeiro item.
De: João
Para: Maria
Eis a proposta.
De: Maria
Para: João
Envie uma proposta.

Quem é muito organizado tem a tendência de guardar cada um desses e-mails. Ora, não é necessário. Se você e a outra pessoa têm o **saudável** hábito de preservar nos e-mails as conversas anteriores, é só guardar o último e-mail, concorda?

Assim, a regra aqui é: **vai guardar um e-mail? Veja se há um anterior que possa ser jogado fora!** Se você não fizer isso, acontecerá o que autor descobriu em seu computador enquanto estava escrevendo este texto: o excesso de e-mails armazenados sobre um mesmo assunto (*Fernando Andrade – Seminários*, na figura a seguir).

Como esses e-mails todos faziam parte de uma negociação sobre seminários, apenas o mais recente deve ser mantido. Afinal, o histórico (os textos dos e-mails anteriores) está no e-mail mais novo.

Capítulo 6

Os programas de busca no computador

Você atribuiu os melhores nomes aos seus arquivos. Você criou uma excelente estrutura de pastas. Seus e-mails estão totalmente organizados. Mas você precisa de uma informação específica e não consegue encontrá-la de jeito algum. E agora?

Acontece! Por mais que você queira – e se esforce para isto –, não dá para conseguir um gerenciamento perfeito. Ele pode até ficar cada vez melhor à medida que você aperfeiçoa diariamente seus métodos. Mas é quase impossível criar um sistema 100% eficiente.

Embora o Windows conte com uma ferramenta de pesquisa de informações, ela não é muito eficiente. Felizmente, existem vários aplicativos de busca que fazem esse trabalho muito bem. Até a Microsoft, dona do Windows, lançou um desses aplicativos. A boa notícia é que a maioria deles é gratuita, disponível na Internet à sua escolha.

Instalando um programa de busca em seu computador

Vamos instalar um desses aplicativos. Nosso exemplo aqui será com o *Google Desktop Search* – um dos mais utilizados e apreciados.

1. Acesse a página do Google que oferece o aplicativo: desktop.google.com.

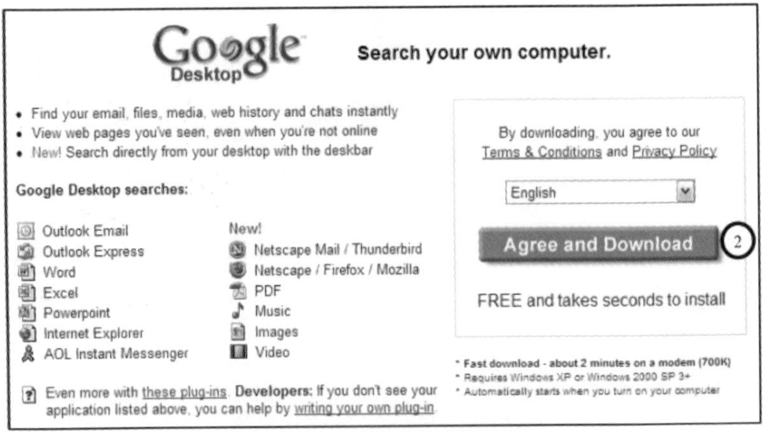

Veja como o serviço é bom. O *Google Desktop Search* pesquisa arquivos de texto, planilhas, apresentações, páginas gravadas de Internet, músicas, fotos, vídeos e até e-mails – o que é muito bom!

2 Para fazer o *download* do programa, clique no botão *Agree and Download.*

3 No quadro *File Download*, clique no botão *Run* para baixar e instalar o programa.

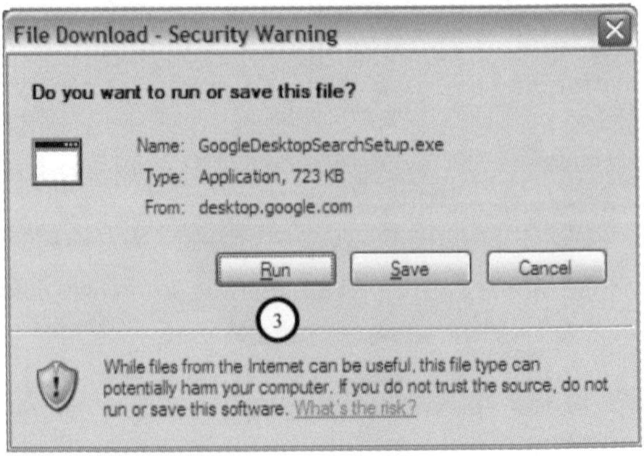

Pronto! Agora é só responder a algumas poucas perguntas e aguardar.

Para funcionar, o *Google Desktop Search* cria um índice com todas as informações existentes em seu computador. Este é um processo lento e, em alguns computadores, pode levar horas. Não se preocupe: você pode continuar trabalhando normalmente enquanto isso.

Na verdade, a manutenção desse índice é constante. Cada novo arquivo criado gera uma nova informação nele. Mas essas atualizações são rápidas, você nem percebe.

Uma vez instalado, você passa a visualizar um novo ícone desse programa. Veja: a figura a seguir mostra o ícone no canto superior direito da tela.

Usando o sistema de buscas

Usar o *Google Desktop* é muito simples. Vamos a um exemplo: o autor escreveu um artigo para o site da revista Você S/A com o tema *Gerenciamento de informações*. Claro, ele está gravado na pasta certa e com nome adequado – e você já deve ter adivinhado que é *c:\Fernando\Artigos\Você\Gerenciamento informações.doc* (é lógico, não é?).

> Para não complicar, o nome da pasta não inclui a palavra *de* que aparece originalmente no título do artigo (*Gerenciamento* **de** *informações*)

Mas, vamos supor que os conceitos mostrados aqui não tenham sido utilizados e não saibamos onde o artigo está gravado. Neste caso, é só pedir ajuda ao *Google Desktop*.

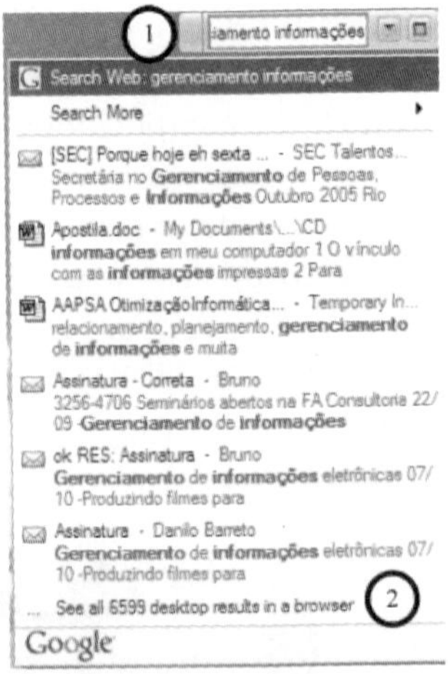

1 Digite *gerenciamento informações* na caixa de pesquisas do *Google Desktop*.

Observe que o *Google Desktop* já abre uma janela mostrando as primeiras informações encontradas.

2 Para ver todas as informações, clique na última linha desta janela.

Abre-se uma janela em seu computador com as respostas. Veja que interessante: a pesquisa foi feita em seu computador e também na Internet. É por isso que, no exemplo mostrado abaixo, vemos *1.080.000* respostas. Felizmente, a primeira linha de respostas mostra só o que existe em seu computador.

Pesquisa só no desktop

Muitas respostas atrapalham. Vamos eliminar os sites da tela de resposta, pedindo que sejam exibidas apenas as informações existentes no computador.

1 Clique no *link Desktop* que aparece no alto da tela à direita.

Agora sim. Veja na figura a seguir que houve uma **sensível** diminuição de informações: são **apenas** 3.080 e-mails e 645 arquivos que contêm as palavras "gerenciamento" e "informações".

Menos é mais

Podemos melhorar ainda mais a qualidade dessas informações. Por exemplo, após analisar as respostas, vimos que alguns arquivos listados fazem referência ao computador de mão Palm, que não são importantes nesta pesquisa.

1 Acrescente à caixa de pesquisa do *Google Desktop* a expressão "-palm". Em seguida, clique no botão *Search Desktop*.

O número de respostas diminui. O número de e-mails não mudou, mas temos agora apenas 95 arquivos. Como você vê, o sinal "-" é muito poderoso em um sistema de pesquisa – seja no computador, seja na Internet.

Só as pastas que interessam

Nem sempre a pesquisa deve ser feita em todas as pastas do computador. No computador do autor deste livro, há uma pasta de teste *Fernando* que não deve fazer parte da pesquisa:

1. Clique em *Desktop Preferences* na parte superior direita da tela.

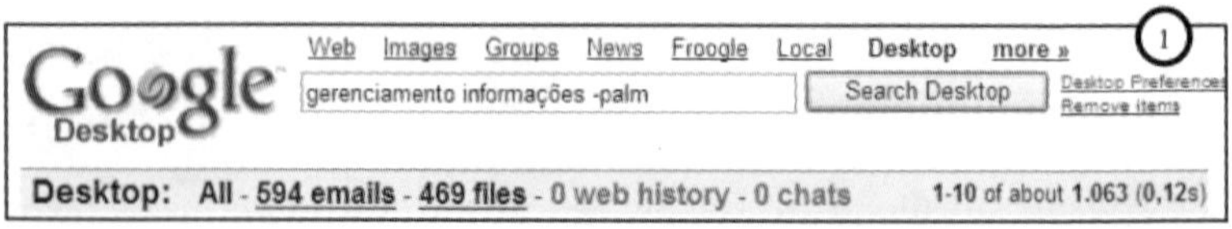

2. Na caixa *Don't Search These Items*, digite o endereço da pasta desnecessária: *c:\Fernando*.

3. Para guardar esta definição, clique no botão *Save Preferences*.

4. Pronto, agora é só voltar à tela anterior. Clique no *link Return to previous page* – que apareceu depois que você clicou em *Save Preferences*.

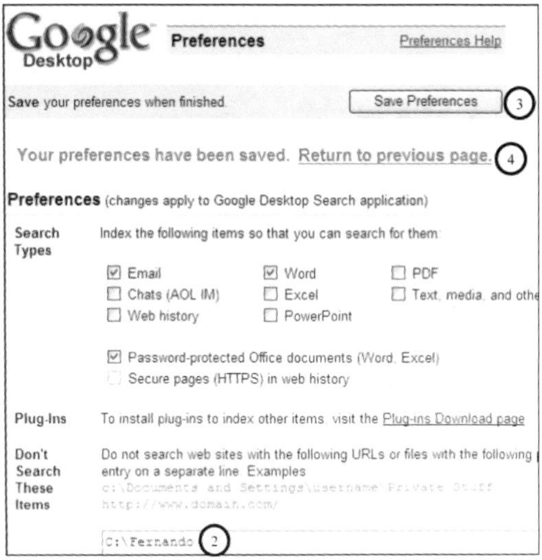

Veja, a retirada de uma pasta da lista de pesquisa reduziu muito o número de respostas. O número de arquivos caiu de 469 antes para 301 agora.

Elimine itens não importantes

Muitas vezes você quer definir o tipo de informação que aparece na resposta. Por exemplo, para procurar apenas arquivos Word, elimine planilhas, apresentações, e-mails e outros tipos da resposta.

1 Clique em *Desktop Preferences*.

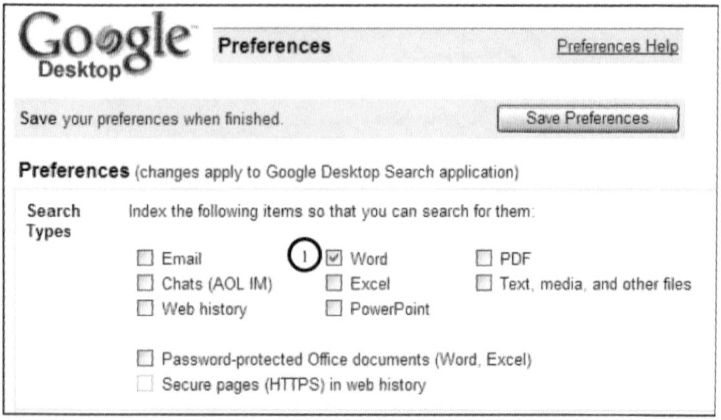

2 Marque apenas as opções que interessam (só *Word* neste exemplo).

3 Clique em *Save Preferences* e volte à página de respostas (clique no *link Return to previous page*).

Pronto, finalmente nossa pesquisa mostra as melhores respostas possíveis. Só os arquivos que interessam, todos *Word*, sem referência à *palm's* e nenhum armazenado na pasta *Fernando*

Capítulo 7

O gerenciamento de idéias

Já sabemos como gerenciar arquivos. Já sabemos como gerenciar e-mails. Mas o que fazer com as idéias que temos todos os dias? Onde anotar o nome de um bom livro que um amigo indicou? Onde e como anotar assuntos que devem ser discutidos em uma reunião ainda nem agendada?

Parece que temos mais informações para gerenciar, certo? Temos sim, mas felizmente o processo é o mesmo visto até aqui.

Uma idéia nova: onde guardar?

Há várias soluções possíveis aqui. Mas, talvez, a mais indicada seja a sugerida pela própria pergunta: *onde anotar...?* Todos os bons programas de gerenciamento de informações pessoais, como o Outlook e o Lotus Notes, têm um recurso para anotações (até os *handhelds* – Palm e Pocket PCs – têm esse recurso). Este é o melhor lugar para guardar idéias, assuntos, livros, filmes e até sugestões de presentes para os entes queridos.

As regras de gerenciamento

Você já viu a figura a seguir em outra página deste livro. Ela já foi abordada superficialmente. Vamos agora descrevê-la em detalhes

– vale a pena: ela sozinha mostra todas as boas regras para gerenciamento de idéias.

Idéias em pastas próprias

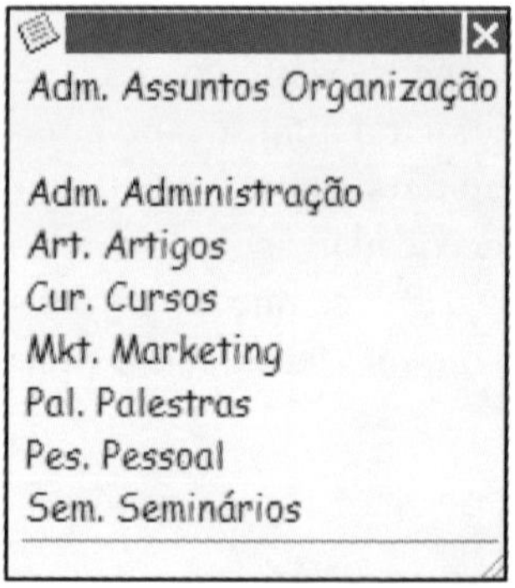

Tal como com arquivos e e-mails, todos os assuntos armazenados nas *Anotações* devem estar organizados em pastas. Aqui não existe uma pasta propriamente dita, a organização é apenas teórica. As pastas na figura acima são representadas pelas três letras iniciais do nome. **Todas** as anotações do autor começam com três letras. Esta figura mostra três pastas: *Adm*, *Art* e *Cur*. O que contém cada uma dessas pastas? A figura acima responde a pergunta e ainda mostra as outras pastas usadas pelo autor.

Observe que as pastas sugeridas pelo autor são as mesmas já usadas para o armazenamento de arquivos e e-mails. É esta coerência de metodologia que possibilita o **perfeito** gerenciamento de **todas** as suas informações.

Veja que a própria organização de pastas é uma anotação. Ela está na pasta *Adm* e se chama *Assuntos Organização*.

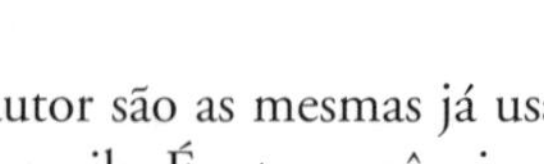

Nomes: do mais geral para o mais particular

Mais uma semelhança com a metodologia de nomes de arquivos. O nome de uma anotação também segue essa regra.

Veja o caso das duas primeiras anotações ilustradas acima. As duas são notas relativas ao site das secretárias que a empresa do autor mantém na Internet (www.secretarias.inf.br). Vemos isso na parte mais **geral** do nome: *SiteSecr*. Uma das notas contém indicações de sites com informações úteis para as secretárias, que precisam aparecer no site mantido pelo autor. Vemos isso na parte **particular** do nome: *Sites*.

A segunda anotação relativa ao site das secretárias contém idéias para uma ação em conjunto com a companhia aérea TAM. A parte particular do nome indica isso: *TAM*. Respeitando esta metodologia, você sempre saberá o que há dentro de uma anotação, concorda?

Nome com duas palavras

Sempre que possível, crie nomes com apenas duas palavras: facilita a leitura e a organização. É por isso que o autor optou por referenciar o *Site das Secretárias* como *SiteSecr*. Foi este artifício que permitiu ao autor criar as duas anotações relativas ao *site das secretárias* com apenas duas palavras (claro, sem contar as três primeiras letras – que identificam a pasta teórica que contém as anotações).

Capítulo 8

Mais gerenciamento de informações

Quando falamos em informações eletrônicas, pensamos sempre em arquivos gravados em computador – ou na rede da empresa. Pensamos também em e-mails e às vezes até em anotações do Outlook. Tudo isso já foi visto neste livro. Mas ainda há muito a discutir. Como gerenciar arquivos fora do computador? A Internet é útil? E as fotos? Cada vez temos mais delas! Como gerenciar tudo isso? Vamos às respostas!

As bibliotecas de CDs

É bem provável que não exista muito espaço em seu computador ou na rede de sua empresa para armazenar a infinidade de arquivos produzidos – principalmente aqueles que precisam ser guardados apenas como referência. Assim, é altamente recomendável manter uma biblioteca em CDs com os arquivos de acesso esporádico ou acesso raro.

DICAS

1. Grave cada pasta principal de arquivos em CDs separados. Assim, você terá uma biblioteca de CDs refletindo exatamente a estrutura de pastas e subpastas existente em seu computador.
2. Prefira CD-RWs a CDRs. Esses CDs são regraváveis e você pode reorganizá-los sempre que quiser. Por exemplo, pode ser que você decida não manter alguns arquivos nos CDs: Com CD-RWs você pode reorganizar tudo.

Como escolher o que deve ser gravado em CD? Crie uma pasta específica para conter **temporariamente** os arquivos que irão para os CDs. Mova os arquivos aos poucos para essa pasta. Não tenha pressa, faça tudo com muita calma. Quando você achar que há um bom número de arquivos, grave tudo. Terminada a gravação, LIMPE ESTA PASTA.

Na figura a seguir, você vê que o autor criou uma pasta *Arquivos e pastas para CDs* dentro da pasta principal *Administração*.

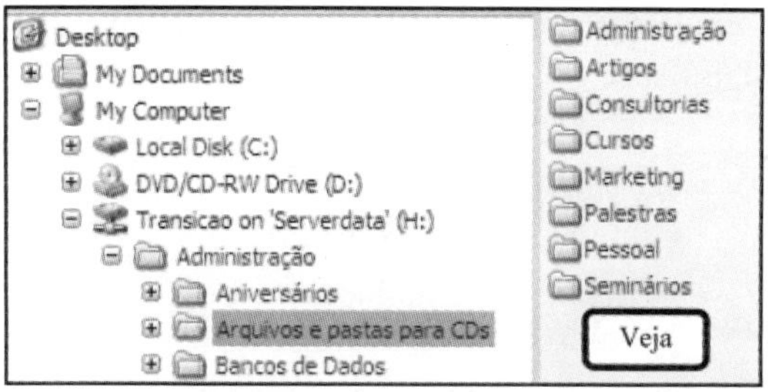

Veja: Essa pasta é um retrato fiel da estrutura de pastas que o autor usa em seu dia-a-dia.

Embora estejamos falando aqui apenas sobre o armazenamento de **arquivos** pouco utilizados, essa recomendação também vale para **e-mails**. Consulte o manual de seu programa de e-mails para ver como gravá-los em CDS.

As bibliotecas virtuais

A Internet hoje em dia oferece serviços para quase tudo. Um deles é a biblioteca virtual. Não há mais espaço em seu computador? Grave os arquivos em uma biblioteca virtual. Você precisa acessar arquivos de vários lugares? Grave-os em uma biblioteca virtual.

Mas arquivos gravados na Internet estão seguros? Em princípio, sim: basta você protegê-los com senhas. Word, Excel etc., têm recursos para isso. Claro, esta não é uma proteção totalmente à prova de curiosos, qualquer *hacker* de informática com bons conhecimentos pode descobrir a senha com um pouco de esforço.

Por isso, nem todos os arquivos podem ser gravados em uma biblioteca virtual. Mas muitos podem, e é justamente neles que vamos focar nossa explicação. Pesquise quais arquivos seriam bons candidatos para a gravação na Internet. Você vai se surpreender com a quantidade. Uma lista de ramais internos é um exemplo. Uma cotação para a compra de materiais é outro. Talvez até a biblioteca de modelos que sugerimos anteriormente se encaixe nesta definição. Assim, você poderá acessar seus modelos de qualquer lugar.

Há vários sites que oferecem serviço de hospedagem gratuita. Veja alguns:

www.gratisonline.com.br/disco_virtual_gol.html
Gratuito, oferece 5MB gratuitos.

wwws.insite.com.br/indisk
Gratuito, oferece 8MB de espaço.

www.streamload.com
O site diz não ter limite de espaço para armazenamento gratuito.

Atenção, endereços de sites mudam constantemente.
Se algum destes sites não estiver mais disponivel, procure novas alternativas digitando "armazenamento espaço gratuito" no Google (www.google.com)

Vamos ver como funciona um deles, o *Streamload* (o último da lista acima).

Cadastrando-se em um serviço de hospedagem gratuita

Para usar um serviço de hospedagem, você primeiro precisa se cadastrar. Vamos passo a passo:

1. Acesse www.streamload.com.

2. Clique na opção *FREE*.

3 A tela seguinte solicitará seus dados. Preencha seus dados em *Step 1*, escolha o serviço gratuito em *Step 2* e, em *Step 3,* assinale que você está de acordo com os termos e condições de uso.

4 Clique em *Submit to create your account* para fazer seu cadastro.

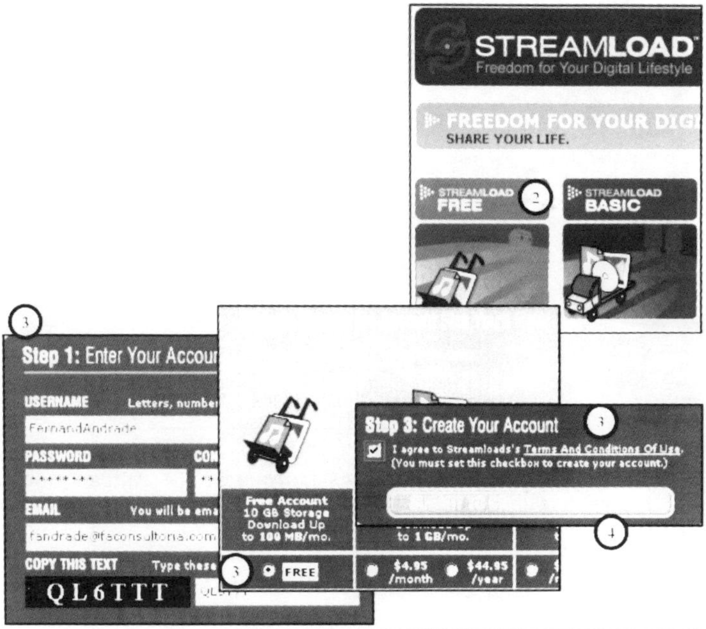

Pronto! A tela do serviço aparece. Agora é só usá-lo!

Transferindo um arquivo de seu computador para a Internet

A transferência de arquivos para a Internet é chamada pelos técnicos de *upload*.

1 No site www.streamload.com clique no botão *Upload*.

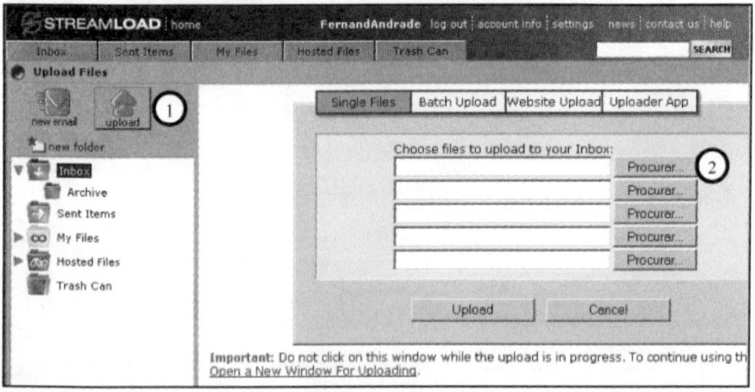

Aparecerá um quadro para você **procurar** os arquivos que serão transferidos para a Internet.

2 Clique em *Procurar* e indique o nome do arquivo a transferir.

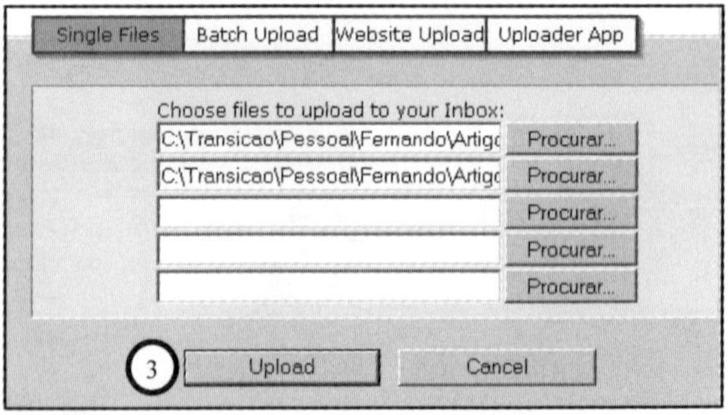

DICA

Veja que você pode indicar até cinco arquivos para uma única transferência.

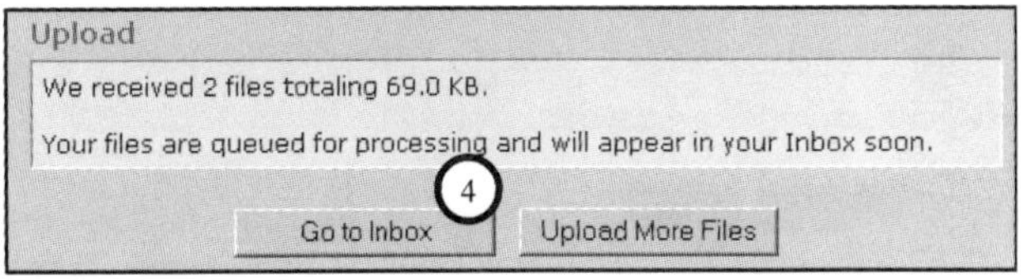

3 Clique em *Upload* para iniciar a transferência.

4 Quando a transferência terminar, o quadro acima aparecerá. Clique em *Go to Inbox* para ver os arquivos transferidos.

Trabalhando com os arquivos armazenados na Internet

Inbox (Caixa de Entrada) mostra os arquivos que você transferiu.

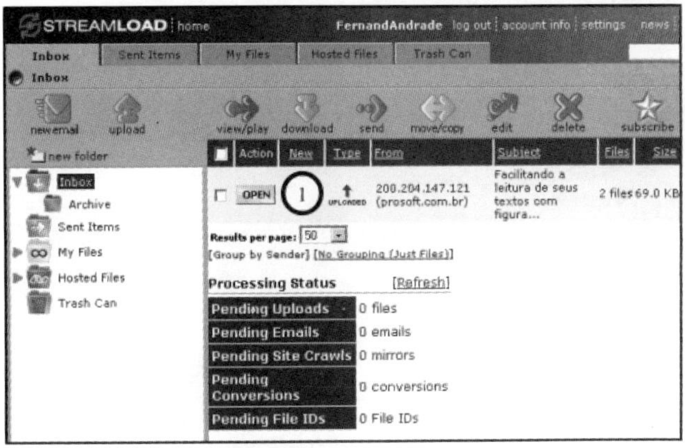

1 Para abrir uma tela com a lista dos arquivos transferidos, clique no botão *Open* da linha relativa à transferência. Você verá a relação de arquivos. Não é muito recomendável deixá-los na *Inbox*. É melhor transferi-los para uma pasta adequada – tal como você faz com seus e-mails.

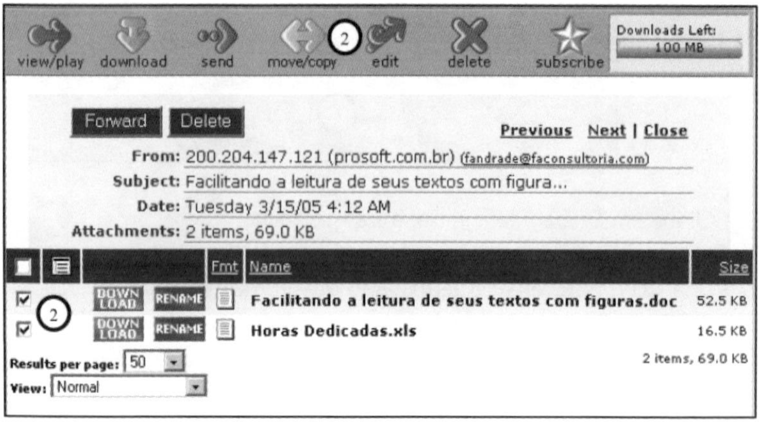

2 Assinale os arquivos que você quer mover e clique no botão *Move/copy*.

Aparecerá um quadro perguntando para onde você quer mover os arquivos. Vamos movê-los para a pasta *My Files*.

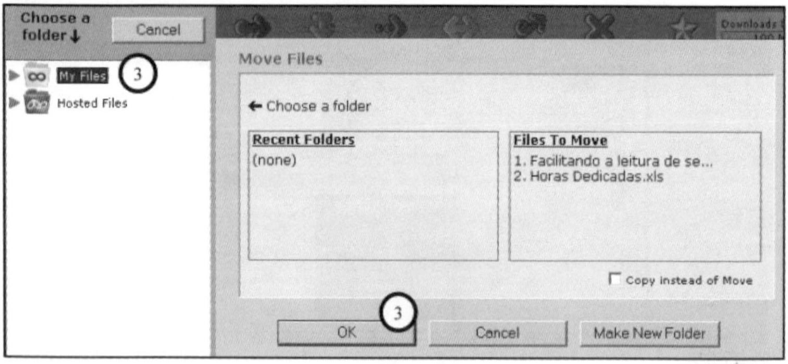

3 Clique em *My Files* e depois em *OK*.

Uma mensagem avisará que os arquivos foram movidos.

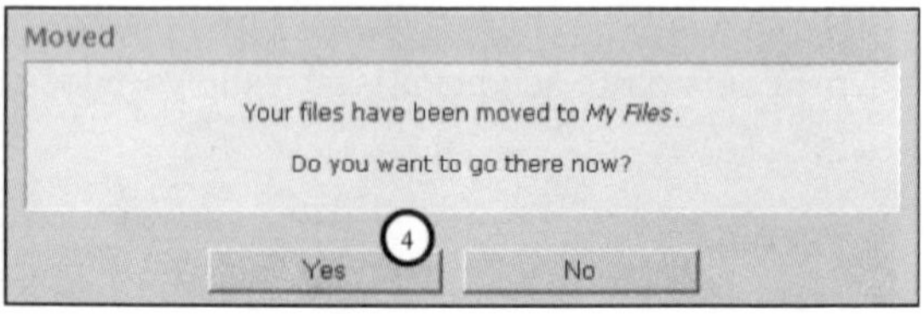

4 Quer ver a pasta para onde eles foram? Responda *Yes* para a pergunta do quadro anterior.

Você verá tudo na pasta *My Files*, como mostra a figura acima.

Copiando um arquivo da Internet para seu computador

Agora vem a melhor parte. Você está na empresa de um cliente, ou na sua casa, e quer trabalhar com um arquivo criado em seu escritório. Se ele também estiver armazenado em uma biblioteca virtual, a solução será simples.

1 Assinale o arquivo na pasta *My Files*.

2 Clique no botão *Download* correspondente.

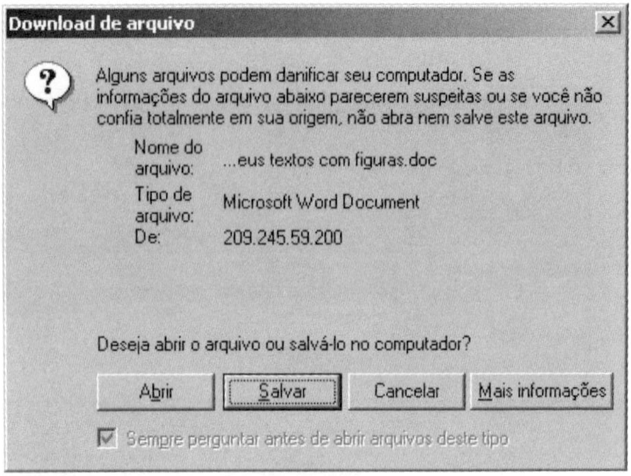
Download de arquivo
Alguns arquivos podem danificar seu computador. Se as informações do arquivo abaixo parecerem suspeitas ou se você não confia totalmente em sua origem, não abra nem salve este arquivo.
Nome do arquivo: ...eus textos com figuras.doc
Tipo de arquivo: Microsoft Word Document
De: 209.245.59.200
Deseja abrir o arquivo ou salvá-lo no computador?
Abrir
Salvar
Cancelar
Mais informações
Sempre perguntar antes de abrir arquivos deste tipo

Pronto! Começará o processo de *download*. Você precisará apenas indicar onde o arquivo será gravado. Depois, é só trabalhar normalmente com ele.

DICA

Se você modificar o arquivo, uma boa prática é gravá-lo de volta na Internet (*upload*). Assim, você poderá ver o arquivo atualizado de qualquer outro lugar.

O gerenciamento de fotos

Hoje, há uma facilidade enorme para qualquer um de nós tirar fotos digitais. Além de máquinas fotográficas cada vez melhores e a preços acessíveis, até celulares e *handhelds* têm câmera embutida. E ainda recebemos fotos por e-mails todos os dias.

Qual o resultado? Uma infinidade de fotos no computador. Gerenciar essas fotos pode ser muito trabalhoso. Ou não! Há vários programas na Internet, grande parte deles gratuita, que podem ser muito eficientes. Um dos mais conhecidos é o oferecido pelo *Google*: *Picasa*. Vamos ver como ele funciona:

1 Acesse www.picasa.com e clique no botão *Free Download* para trazer o programa para seu computador.

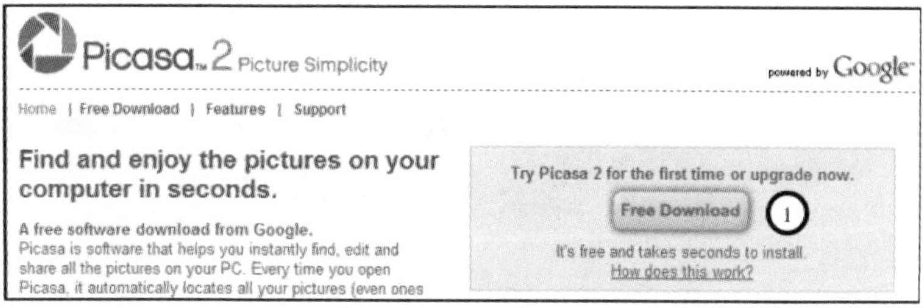

Picasa 2 Picture Simplicity
powered by Google
Home | Free Download | Features | Support
Find and enjoy the pictures on your computer in seconds.
A free software download from Google.
Picasa is software that helps you instantly find, edit and share all the pictures on your PC. Every time you open Picasa, it automatically locates all your pictures (even ones
Try Picasa 2 for the first time or upgrade now.
Free Download
1
It's free and takes seconds to install.
How does this work?

2 Para instalar o programa, clique no botão *Run*.

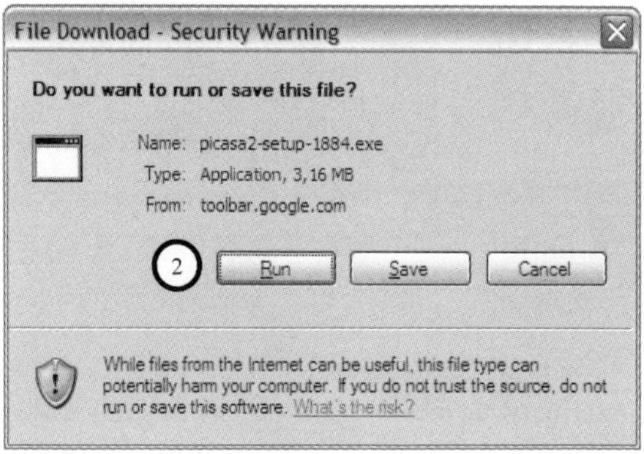

Assim que o programa estiver instalado, aparecerá uma mensagem perguntando se você quer que o Picasa pesquise todas as fotos existentes em seu computador.

3 Claro, este é o objetivo. Assinale a opção *Completely scan my computer for pictures* e depois clique em *Continue*.

Completely scan my computer for pictures
3
Only scan My Documents, My Pictures, and the Desktop
Choose this option if you only store your pictures in the above folders.

O processo pode demorar um pouco, dependendo do número de fotos existentes em seu computador. Depois de um tempo, você verá em seu monitor a imagem seguinte:

Veja que todas as fotos foram organizadas em pastas. As pastas mantêm os nomes originais existentes em seu computador, e estão classificadas também pelo ano em que as fotos foram gravadas.

Não vamos mostrar o Picasa em detalhes, este trabalho fica por sua conta – até porque o programa é bem simples. Você verá que é possível reunir várias fotos em uma só, imprimir e aperfeiçoá-las, gravar CDs de fotos e até estruturar uma exibição de slides. Bom proveito!

Capítulo 9

Manutenção

Agora que finalmente tudo está organizado, é preciso manter. E esta é uma tarefa que quase todos ignoram. E tudo volta ao ponto de partida.

Manter a organização é questão de vontade: basta você querer! Veja algumas recomendações:

Abra arquivos pelo Windows Explorer

É no Explorer que você tem a chance de visualizar um número maior de arquivos. E é assim que você identifica arquivos que podem ser apagados ou renomeados! Veja: o autor acessou o Explorer porque seu objetivo era abrir o arquivo *AAPSA – Cursos – Otimização em informática – Versão 2005.doc*. Ele acabou descobrindo o arquivo *AAPSA.doc*, que não tem um nome adequado – não dá para saber o que existe dentro deste arquivo. O nome precisa ser alterado.

Esta é a idéia: organize seus arquivos o tempo todo!

Análise diária

Dedique um momento de seu dia para a faxina. Sempre há o que jogar fora, por melhor que seja sua organização.

Também dedique um momento de seu dia para a reorganização. Provavelmente você **não** terá de mexer na estrutura principal das pastas. Mas subpastas sempre podem ser reorganizadas. Veja se não é o seu caso.

Menos é mais

Procure sempre ter o menor número possível de arquivos. Identifique na análise diária os vários arquivos que fazem referência ao mesmo assunto. Reúna-os sob o mesmo nome.

Fixe uma meta diária para a faxina

Existem arquivos sobrando em seu computador? E e-mails? Sempre existem. Fixe uma meta para a limpeza diária. Será que eliminar dez arquivos por dia é bom para você? E e-mails?

A organização anual

Na virada do ano, muita gente faz planos de mudanças. Normalmente, este é um momento que muitos usam para reflexão, avaliação de vida e fixação de metas. Faça a mesma coisa com o gerenciamento de informações eletrônicas. A estrutura de pastas e subpastas está boa? A forma de nomear arquivos funciona? A atenção que você dá a e-mails é muita? Ou é insuficiente?

Analisar criticamente seu método de gerenciamento de informações eletrônicas deve ser uma tarefa obrigatória em sua agenda – pelo menos uma vez por ano! Pense nisso!

Capítulo 10

Informações a toda hora e em qualquer lugar

Informações importantes devem estar **sempre** ao seu alcance, em todos os momentos, em todos os lugares. Solução? Considere a utilização de um *handheld*! Computadores de mão proporcionam verdadeiros milagres no gerenciamento de informações eletrônicas.

Cuidado: um *handheld* só ajuda se estiver organizado

Em computadores de mão, a maioria das pessoas não se importa muito com a organização de informações. Desorganizado, esse equipamento é uma excelente ferramenta de desperdício de tempo e baixa produtividade.

Repita em seu Palm ou PocketPC a mesma organização que você tem em seu computador.

O que levar em seu computador de mão

Seu computador de mão permite o trabalho com arquivos Word, Excel e PowerPoint. Seu computador de mão pode conter **todas as anotações** que você faz no Outlook ou no Lotus Notes. Seu computador de mão pode guardar **todos os contatos** que você registra em seu computador.

Mas não é por isso que você precisa ter tudo duplicado lá. Contatos e anotações podem até ser transferidos por completo, mas tome cuidado com os arquivos. Leve para seu *handheld* apenas os textos, planilhas, bancos de dados e apresentações que precisam de fato estar com você o tempo inteiro. Um computador de mão normalmente não tem espaço suficiente para conter muitos arquivos: você precisa decidir o que é mais importante.

Alguns exemplos:

a) Planilha de preços dos produtos da empresa.
b) Último relatório emitido pela empresa (para que você possa ler em viagens).
c) Orçamento que será apresentado ao cliente durante uma visita. Embora normalmente você leve o orçamento impresso, tê-lo na forma de planilha no *handheld* facilita novos cálculos durante a conversa com o cliente.

Veja que o segundo e o terceiro exemplos são arquivos que ficam apenas temporariamente no computador de mão. Após a visita ou a viagem, esses arquivos devem ser eliminados do *handheld*. Eles serão necessários apenas no computador.

Sincronização. Funciona?

Este é o segredo para gerenciar bem as informações junto com um computador de mão: a sincronização. Sincronizar significa ter nos dois lugares (computador de mão e computador de mesa) informações iguais. Assim:

- Você mudou o telefone de um contato no computador? Sincronize com o *handheld*.
- Você abriu uma planilha no *handheld* e refez alguns cálculos? Sincronize com o computador.

A sincronização é tão importante que você **nunca** pode esquecer dela. Arquivos não sincronizados causam uma confusão enorme. Mas não se preocupe: se feito com critério, esse processo é muito simples. E a regra é uma só: você vai se afastar do computador? Sincronize o *handheld*. Veja:

- Você vai sair para almoçar? Leve o *handheld* com você, mas sincronize-o antes!
- Voltou do almoço? Sincronize!
- Acabou o dia e você vai embora para casa? Sincronize!
- Está na hora da visita ao cliente? Sincronize!
- Vai a uma reunião? Sincronize!
- Um novo dia está começando? Sincronize!

Se você se acostumar com essa sincronização constante, ela será tão automática que você nem perceberá.

Capítulo 11

Equipamentos que facilitam o gerenciamento de informações

O espaço para o armazenamento de informações eletrônicas está ficando escasso. Os motivos? Você tem cada vez mais informações. Os arquivos com essas informações estão cada vez maiores.

Você já viu duas soluções para isso neste livro: a biblioteca de CDs e as bibliotecas virtuais (na Internet). Existem outras muito boas também. Veja:

Cartões de memória

Notebooks, *handhelds* e até máquinas fotográficas digitais podem contar com memória adicional por meio de cartões de memória: são pequenos dispositivos facilmente encaixáveis nestes equipamentos. Acessar arquivos armazenados neles é tão simples quanto acessar um arquivo no disco de seu computador. Veja um modelo:

Tipo: Secure Digital Card
Capacidade: 1GB
Interface: SD/SPI

Memory key

Este é um outro dispositivo muito prático e cada vez mais usado. Trata-se de um chaveiro normalmente conectado à porta USB do computador. Funciona como um *drive* adicional. Você também lê e grava arquivos lá tal como faz com o disco rígido. Veja um modelo:

Tipo: USB Flash Drive
Capacidade: 1 GB
Interface: USB
Dimensões: 70,3 mm x 30,8 mm x 11,5 mm

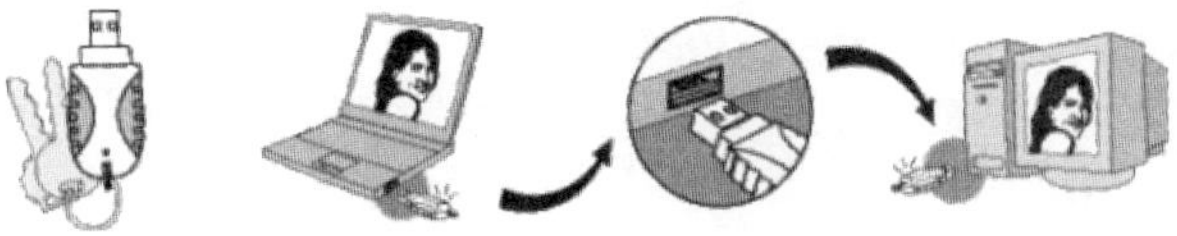

CardScan

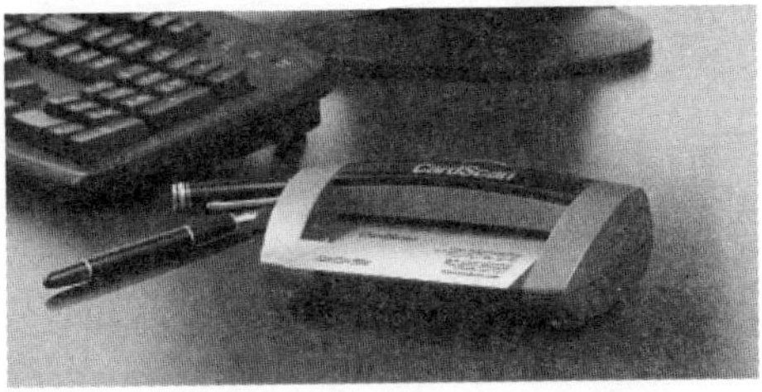

Os dois equipamentos mostrados (cartões de memória e *memory key*) são excelentes soluções para a **falta de espaço** de armazenamento. Este outro apresentado aqui, o CardScan, faz justamente o contrário: cria mais informações para armazenar – e, por isso, exige mais espaço.

Mas ele é uma ótima ferramenta para o gerenciamento de informações eletrônicas. O CardScan transforma cartões de visita impressos em informações eletrônicas. E você pode trabalhar com essas informações em seu computador ou em seu *handheld*.

É mais informação eletrônica, de fato, mas certamente uma excelente idéia. Afinal, é mais fácil procurar uma informação em seu Outlook ou em uma pilha de cartões de visita?

COLABORARAM NESTE LIVRO

Supervisão editorial Isabel Xavier da Silveira
Produção gráfica e direção de arte Vivian Valli
Revisão Diogo Kaupatez e Christiano Ramos dos Santos
Composição FA Fábrica de Comunicação
Capa Vivian Valli
Imagem de capa © Photographer's Choice RF/GettyImages/Suk-Heui Park

FICHA TÉCNICA

Impressão PROL Gráfica e Editora Ltda.
Papel Alta Alvura 75g/m^2 (miolo), Cartão Ópera 250g/m^2 (capa)
Tipologia Adobe Garamond 11/13

Para preservar as florestas e os recursos naturais, este livro foi impresso em papel 100% proveniente de reflorestamento e processado livre de cloro.